Valencia y la DANA

Introducción a la DANA (Depresión Aislada en Niveles Altos)

- ## Definición y características meteorológicas

Una Depresión Aislada en Niveles Altos, comúnmente conocida como DANA, es un fenómeno meteorológico que se caracteriza por la presencia de una masa de aire frío atrapada en altitudes superiores (aproximadamente entre 5.000 y 12.000 metros de altura), separada de la circulación general de vientos atmosféricos. Este aire frío, al situarse sobre capas inferiores de aire más cálido y húmedo, genera una inestabilidad que favorece la formación de fuertes precipitaciones. La diferencia de temperatura entre estas masas de aire es lo que impulsa las corrientes ascendentes de aire caliente, que, al enfriarse, provoca la condensación y, en consecuencia, intensas lluvias y tormentas eléctricas.

La formación de una DANA suele ocurrir cuando una corriente en chorro polar, que transporta aire frío en altitudes elevadas, se desvía de su recorrido habitual y deja una parte de ese aire en una región de bajas presiones, normalmente en el oeste o el centro del Mediterráneo. Este proceso puede generarse cuando hay un cambio en la circulación atmosférica global, como sucede en períodos de transición estacional entre verano y otoño o entre invierno y primavera. En el Mediterráneo occidental, incluyendo España, estas condiciones son más frecuentes en otoño, cuando el mar aún conserva el calor del verano, favoreciendo la evaporación y aumentando los niveles de humedad en las capas inferiores de la atmósfera. Este ambiente cálido y húmedo se convierte en el combustible perfecto para que la DANA desencadene precipitaciones intensas y persistentes.

Una de las características más notables de la DANA es su capacidad para generar lluvias extremadamente intensas en períodos cortos, especialmente en zonas montañosas o de costa, donde los vientos ascendentes favorecen la acumulación rápida de precipitaciones. Esto se debe a la alta cantidad de humedad presente en el aire que, al ser empujada hacia arriba, se enfría rápidamente, produciendo lluvias torrenciales. Además, el fenómeno se considera "aislado" porque no está conectado a la circulación general de vientos y, por lo tanto, puede permanecer estacionario durante varios días en una misma región, aumentando el riesgo de inundaciones y desbordamientos.

Las DANAs también pueden producir fenómenos como granizo y rachas de viento fuerte debido a la inestabilidad atmosférica que generan. Las zonas más vulnerables suelen ser aquellas cercanas a la costa mediterránea, donde el aire húmedo y cálido proveniente del mar interactúa con el aire frío en altura, amplificando las lluvias y tormentas. Sin embargo, estos fenómenos no se limitan a las zonas costeras y pueden impactar también áreas del interior, dependiendo de la trayectoria de la DANA y de la topografía del terreno.

Una DANA es un fenómeno meteorológico complejo que implica una interacción entre masas de aire frío en altitud y aire cálido y húmedo en superficie. Su naturaleza aislada y estacionaria hace que estos episodios de lluvias intensas puedan prolongarse y tener efectos devastadores en áreas específicas, como ha sido el caso de la Comunidad Valenciana en el evento de 2024.

Comparación con otros fenómenos meteorológicos extremos

La DANA (Depresión Aislada en Niveles Altos) es un fenómeno meteorológico extremo que comparte ciertas características con otros eventos de gran intensidad, aunque existen diferencias fundamentales en su origen, efectos y patrones de desarrollo.

Uno de los fenómenos con los que la DANA suele compararse es el ciclón tropical. Ambos pueden producir lluvias torrenciales, vientos intensos y pueden causar grandes inundaciones, especialmente en zonas costeras. Sin embargo, mientras que un ciclón tropical se forma sobre aguas cálidas y depende de una estructura organizada de baja presión con una circulación en espiral, la DANA no necesariamente necesita una masa de agua cálida ni sigue una estructura de ciclón; en cambio, se caracteriza por un núcleo de aire frío en altitud aislado de la circulación general de vientos. Además, los ciclones suelen tener una trayectoria predecible y una organización circular bien definida, mientras que las DANAs pueden permanecer estacionarias en una región específica, generando lluvias prolongadas sin la estructura circular de un ciclón.

Otro fenómeno similar en sus efectos es el frente estacionario, una zona de encuentro entre dos masas de aire de diferente temperatura que no se desplaza, lo cual genera lluvias prolongadas e intensas. No obstante, un frente estacionario se forma en la interacción directa de dos masas de aire, generalmente en altitudes más bajas, mientras que una DANA se origina en las capas superiores de la atmósfera y actúa de manera aislada. La DANA puede quedar bloqueada en una región específica sin el movimiento horizontal de un frente, generando acumulaciones de lluvia significativas que, en ocasiones, son mayores que las producidas por frentes estacionarios.

También se pueden establecer comparaciones entre la DANA y las tormentas convectivas severas, como las tormentas superceldas que ocurren en regiones como el medio oeste de los Estados Unidos. Las superceldas, que son sistemas de tormenta con rotación en su interior, pueden producir tornados, granizo y lluvias intensas de corta duración. Sin embargo, mientras que las superceldas dependen de fuertes corrientes convectivas y rotación en niveles bajos, la DANA es un fenómeno de escala más amplia y carece de la organización ciclónica propia de las superceldas. Además, las superceldas suelen formarse y disiparse en pocas horas, mientras que una DANA puede perdurar varios días.

Existen diferencias importantes entre una DANA y una vaguada, un fenómeno caracterizado por una extensión de aire frío en forma de "V" en la atmósfera que suele generar condiciones de inestabilidad y tormentas. Aunque ambos implican aire frío en altitud y pueden producir lluvias intensas, la DANA es una depresión completamente aislada de los flujos de viento en capas superiores, mientras que la vaguada forma parte de la corriente en chorro y no queda estacionaria.

Aunque la DANA puede producir efectos similares a otros fenómenos meteorológicos extremos, sus causas y su evolución la diferencian significativamente. Es un fenómeno único en su estructura, comportamiento aislado y potencial de estancamiento, lo que contribuye a su capacidad de generar lluvias extremas prolongadas que pueden resultar en inundaciones severas y daños considerables.

Efectos típicos de una DANA en el Mediterráneo

Una Depresión Aislada en Niveles Altos (DANA) produce efectos característicos y notables en la región mediterránea, que suelen presentarse como una serie de eventos meteorológicos extremos con consecuencias significativas tanto en las áreas costeras como en las zonas interiores cercanas. Las precipitaciones intensas y torrenciales son uno de los efectos más comunes, dado que la DANA genera fuertes lluvias en un período corto y sobre áreas geográficamente limitadas, lo que favorece la aparición de inundaciones rápidas y catastróficas. Estas lluvias pueden causar desbordamientos de ríos y arroyos, especialmente en valles y cuencas fluviales cercanas al litoral mediterráneo, donde el terreno accidentado y la proximidad al mar contribuyen a la acumulación rápida de agua.

Otro de los efectos típicos de una DANA en el Mediterráneo es la generación de tormentas eléctricas intensas, acompañadas de actividad eléctrica frecuente y de gran intensidad. Estas tormentas no solo intensifican la precipitación en la región afectada, sino que también incrementan el riesgo de incendios en zonas secas, así como de cortes de electricidad en áreas residenciales y comerciales. Las tormentas eléctricas pueden además producir granizadas de considerable tamaño, lo que implica daños adicionales en cultivos, vehículos y estructuras.

Los fuertes vientos también son característicos de una DANA en el Mediterráneo. Estos vientos, asociados a la inestabilidad en los niveles altos de la atmósfera, suelen producir ráfagas de velocidad variable que afectan tanto a la costa como a zonas montañosas. En áreas urbanas, los vientos intensos pueden derribar árboles, postes de luz y otras estructuras. Las zonas costeras también suelen experimentar un fenómeno conocido como marejadas ciclónicas, donde el fuerte oleaje y las altas mareas golpean el litoral, generando daños en infraestructuras portuarias, paseos marítimos y edificios cercanos a la playa.

La duración de estos eventos es otro aspecto importante. Mientras que otros fenómenos meteorológicos extremos, como las tormentas típicas de verano, suelen durar pocas horas, la DANA puede quedar estancada en una misma región por días. Esto prolonga los efectos destructivos, aumenta el riesgo de acumulación de agua y agrava el impacto en las infraestructuras y la economía local. Los sectores agrícola y turístico, fundamentales en el Mediterráneo, suelen verse particularmente afectados, ya que las inundaciones pueden destruir cultivos, y las marejadas pueden deteriorar las playas y reducir el número de visitantes.

En última instancia, el efecto de una DANA en el Mediterráneo es una combinación de inundaciones, daños por tormentas y alteraciones en la vida cotidiana y en la economía local, siendo un fenómeno que exige medidas de prevención y preparación a nivel comunitario y gubernamental para mitigar su impacto recurrente.

Historia y Estadísticas de la DANA en España

- ## Principales episodios históricos de DANA en la península

A lo largo de la historia, la península ibérica ha experimentado varios episodios de DANA que han dejado impactos significativos en términos de daños materiales, pérdidas humanas y afectaciones a la infraestructura y agricultura. Estos eventos han sido documentados ampliamente debido a la magnitud de las inundaciones y la intensidad de las lluvias que los caracterizan, especialmente en la costa mediterránea, donde las condiciones climáticas y geográficas hacen que la región sea particularmente vulnerable a este tipo de fenómenos meteorológicos.

Uno de los episodios más graves ocurrió en octubre de 1982, conocido como la "pantanada de Tous", un evento trágico que devastó la provincia de Valencia. Durante este episodio de DANA, las intensas lluvias provocaron el colapso de la presa de Tous, lo cual desató una inundación que afectó a numerosos municipios valencianos, causando pérdidas humanas y materiales significativas. Fue un episodio que evidenció la necesidad de mejorar la infraestructura hidráulica y de establecer protocolos de emergencia más efectivos para este tipo de fenómenos en la región.

Otro episodio histórico notable ocurrió en septiembre de 2019, cuando la DANA azotó las provincias de Alicante, Murcia y Almería. Este evento causó precipitaciones récord, superando en algunas áreas los 300 mm de agua en pocas horas. Las intensas lluvias provocaron inundaciones masivas, con carreteras anegadas y miles de personas evacuadas. Este episodio es recordado no solo por su magnitud, sino también por el impacto devastador en las infraestructuras, la agricultura, y el gran despliegue de servicios de emergencia que fue necesario para mitigar sus efectos. La región sufrió daños en cultivos, viviendas y carreteras, y este episodio puso en evidencia la vulnerabilidad de las áreas costeras frente a estos fenómenos extremos y el impacto del cambio climático en su frecuencia e intensidad.

Un tercer episodio importante ocurrió en octubre de 2007 en la región de Cataluña, cuando una DANA causó fuertes lluvias que afectaron a ciudades como Barcelona, Girona y Tarragona. Las lluvias torrenciales provocaron deslizamientos de tierra, interrupciones en el transporte público y severos daños en infraestructuras. En algunos puntos, se registraron lluvias de más de 200 mm en pocas horas, lo que derivó en inundaciones que arrasaron con viviendas y afectaron la movilidad urbana y el suministro de servicios básicos.

En septiembre de 2023, una DANA causó estragos en diferentes partes de España, especialmente en el centro y este peninsular. Este episodio provocó lluvias intensas y persistentes que afectaron tanto a Madrid como a Castilla-La Mancha, causando el colapso de infraestructuras viales y la interrupción de servicios ferroviarios. Este evento fue significativo no solo por la cantidad de lluvia acumulada, sino también porque afectó a áreas menos acostumbradas a enfrentar fenómenos de esta magnitud, mostrando que la incidencia de las DANAs ya no se limita exclusivamente a las zonas costeras del Mediterráneo, sino que también puede afectar el interior de la península.

Estos episodios históricos de DANA en la península ibérica son reflejo de la naturaleza extrema de este fenómeno y de los desafíos que plantea para las infraestructuras, la planificación urbana y la gestión de emergencias.

Impacto en la costa mediterránea a lo largo de los años

El impacto de la DANA en la costa mediterránea de la península ibérica ha sido constante y devastador a lo largo de los años, dejando secuelas en los ámbitos social, económico y ambiental. Esta región es particularmente vulnerable debido a su orografía y a las características climatológicas del Mediterráneo, donde la confluencia de masas de aire frío en altitud con aire cálido y húmedo proveniente del mar genera condiciones propicias para la formación de lluvias torrenciales.

Históricamente, los episodios de DANA en la costa mediterránea han afectado repetidamente a comunidades autónomas como Cataluña, la Comunidad Valenciana, Murcia y Andalucía oriental. Estas zonas se ven recurrentemente expuestas a inundaciones rápidas y significativas, que causan desbordamientos de ríos y arroyos, destrozan infraestructuras, y afectan tanto áreas urbanas como rurales. En muchas ocasiones, los cultivos de frutas y hortalizas, esenciales para la economía local, quedan devastados tras estos eventos, generando pérdidas millonarias. Las pérdidas económicas directas suelen asociarse con daños en propiedades e infraestructuras, mientras que los daños indirectos afectan a sectores clave como el turismo, una fuente importante de ingresos en la costa mediterránea.

Un caso representativo de estos impactos es el episodio de DANA ocurrido en septiembre de 2019, que afectó gravemente a Alicante y Murcia, generando pérdidas de más de 200 millones de euros en infraestructuras y cultivos. Este evento evidenció las dificultades para proteger las áreas urbanas y agrícolas frente a lluvias tan intensas, que no solo causan daños materiales, sino que también ponen en riesgo la vida de los habitantes. Otro impacto notable es el desgaste y erosión de las playas debido a la acción de las marejadas asociadas a la DANA, que debilitan la línea de costa, un problema que afecta de manera directa al turismo y a la economía de estas áreas costeras.

Además de las pérdidas económicas, el impacto ambiental es otro aspecto crítico. Los episodios de DANA provocan la contaminación de los acuíferos y el deterioro de los ecosistemas costeros, ya que las lluvias arrastran productos químicos, residuos y materiales tóxicos que afectan la calidad del agua y el suelo. Las consecuencias de estos fenómenos van más allá de los daños visibles y afectan de forma duradera los recursos naturales de la zona, complicando su recuperación y estabilidad a largo plazo.

A lo largo de los años, el aumento de la frecuencia y severidad de las DANAs en la región ha evidenciado la necesidad de medidas de mitigación y adaptación al cambio climático. Las autoridades locales y nacionales han invertido en sistemas de alerta temprana y en la mejora de la infraestructura de drenaje y contención de aguas, pero la vulnerabilidad de la costa mediterránea frente a estos fenómenos continúa siendo un desafío importante.

Comparación de la frecuencia e intensidad en las últimas décadas

En las últimas décadas, la frecuencia e intensidad de las DANAs en la península ibérica, especialmente en la costa mediterránea, han mostrado un aumento notable que se relaciona con el cambio climático y el calentamiento global. En comparación con registros históricos, se observa un incremento en la ocurrencia de fenómenos extremos, tanto en términos de precipitaciones intensas como de la duración de estos eventos.

Durante los años 1980 y 1990, los episodios de lluvias torrenciales vinculados a DANAs eran más esporádicos y generalmente se concentraban en la temporada de otoño. Sin embargo, en las décadas más recientes, especialmente desde la década de 2000, los episodios de DANA han ocurrido de forma más frecuente y en temporadas ampliadas, afectando también a meses de verano y primavera. Esta expansión en las estaciones de riesgo está asociada al calentamiento del Mediterráneo, que proporciona mayores cantidades de vapor de agua y favorece la formación de nubes de gran desarrollo vertical, resultando en lluvias más intensas y con mayor energía destructiva.

Además, la intensidad de estos eventos ha crecido considerablemente. Las DANAs modernas tienden a concentrar grandes volúmenes de agua en áreas pequeñas y en períodos de tiempo cortos, lo que provoca inundaciones repentinas y un impacto más severo en las infraestructuras y poblaciones. Un claro ejemplo es el episodio de septiembre de 2019 en la región de Murcia y Alicante, donde se registraron precipitaciones superiores a los 300 mm en menos de 24 horas, un evento más extremo que muchos de los registros históricos anteriores.

El cambio climático y el aumento de temperaturas globales parecen estar potenciando estos fenómenos. El Mediterráneo se está calentando a un ritmo superior al promedio mundial, lo cual agrava el contraste entre las masas de aire frío en altura y el aire cálido en superficie, factor crucial para la formación de DANAs intensas. Esta tendencia sugiere que la región mediterránea podría continuar experimentando un aumento en la frecuencia y severidad de las DANAs en las próximas décadas, lo que demanda mejoras en la infraestructura y planificación urbana para enfrentar estos eventos climáticos cada vez más destructivos.

El Impacto de la DANA en Valencia

○ Cronología de los eventos

La cronología de los eventos relacionados con las DANAs en la península ibérica ha mostrado un patrón de mayor frecuencia e intensidad en las últimas décadas. A continuación, se presenta una breve cronología de algunos de los eventos más significativos ocurridos en los últimos años:

1982: La pantanada de Tous Uno de los episodios más devastadores de DANA ocurrió en octubre de 1982, cuando una DANA afectó la provincia de Valencia. Las lluvias intensas provocaron la saturación de la presa de Tous, lo que resultó en el colapso de la estructura y la consiguiente inundación masiva en el área de la Ribera Alta. Este desastre causó decenas de muertos y daños materiales millonarios, especialmente en las zonas rurales.

1997: Tormenta en el Levante En septiembre de 1997, una DANA afectó de manera significativa a la región de Levante, especialmente en la Comunidad Valenciana, Alicante y Murcia. Este episodio estuvo marcado por fuertes lluvias que causaron inundaciones repentinas, desplazamientos de tierra y un gran número de afectados, tanto en el ámbito urbano como en el rural.

2007: Inundaciones en Cataluña En octubre de 2007, una DANA impactó Cataluña, provocando lluvias torrenciales que desbordaron ríos y causaron graves inundaciones en ciudades como Barcelona y Tarragona. Se registraron precipitaciones de hasta 200 mm en pocas horas, lo que resultó en grandes pérdidas materiales y daños en infraestructuras clave. En algunas áreas, la tormenta produjo deslizamientos de tierra y daños en la red de transporte.

2012: Inundaciones en la Región de Murcia En septiembre de 2012, la DANA trajo lluvias torrenciales al sureste de España, especialmente a la región de Murcia y Alicante. La tormenta causó una gran cantidad de daños materiales, especialmente en las zonas costeras. Las lluvias, que superaron los 200 mm en algunas zonas, desbordaron ríos, provocaron inundaciones en áreas urbanas y afectaron gravemente la agricultura.

2019: El evento de la DANA en el sureste En septiembre de 2019, un episodio de DANA afectó a diversas provincias del sureste peninsular, especialmente en la Comunidad Valenciana, Alicante, Murcia y Almería. Las lluvias acumuladas superaron los 300 mm en menos de 24 horas en algunos puntos, y las inundaciones afectaron tanto a zonas urbanas como rurales. Este evento fue uno de los más intensos de la década, con numerosos daños a infraestructuras y cultivos.

2023: La DANA más reciente En septiembre de 2023, una nueva DANA afectó a diversas regiones de España, con especial intensidad en el centro y este de la península. Este evento meteorológico causó lluvias torrenciales, desbordamientos de ríos y daños significativos en las infraestructuras de ciudades como Madrid, Castilla-La Mancha y la Comunidad Valenciana. Las precipitaciones alcanzaron cifras récord en algunas áreas y causaron interrupciones masivas en el transporte y los servicios básicos.

Estos eventos, a pesar de ser solo algunos de los más destacados, reflejan el patrón creciente de frecuencia e intensidad de las DANAs en la península ibérica. Las lluvias intensas y las inundaciones repentinas son cada vez más comunes, lo que pone de manifiesto la creciente vulnerabilidad de la región ante fenómenos meteorológicos extremos.

○ # Datos meteorológicos: precipitación acumulada y récords

Las precipitaciones acumuladas durante los episodios de DANA en la península ibérica pueden alcanzar cifras impresionantes, con algunos récords históricos que reflejan la intensidad de estos fenómenos meteorológicos. En general, la DANA se caracteriza por la formación de lluvias torrenciales que caen en un corto período de tiempo, lo que genera desbordamientos de ríos, inundaciones repentinas y graves daños materiales.

Durante el episodio de la DANA de 2019 en el sureste de España, por ejemplo, se registraron precipitaciones superiores a los 300 mm en algunas localidades de la Comunidad Valenciana y Murcia, en un lapso de menos de 24 horas. Este tipo de precipitaciones es mucho más intenso que lo habitual y suele estar vinculado a las tormentas asociadas con la DANA. En localidades como Alzira, en la Comunidad Valenciana, se alcanzaron los 350 mm en apenas 12 horas, un récord para la zona en ese año.

Otro episodio significativo ocurrió en 2012, cuando la DANA afectó gravemente a la región de Murcia y Alicante, con acumulados de más de 200 mm en menos de 24 horas en algunas localidades. Este evento dejó imágenes de calles inundadas y zonas rurales anegadas por las aguas, reflejando la magnitud de las precipitaciones asociadas.

En 2023, un episodio de DANA también generó precipitaciones récord en varias regiones del centro y este de España, con algunas áreas alcanzando los 150 mm en solo unas pocas horas. Este evento, aunque no tan extremo como el de 2019, mostró un patrón de lluvias intensas que suelen caracterizar a las DANAs modernas.

Estos datos reflejan una tendencia de aumento en la frecuencia y la intensidad de los fenómenos de DANA en la península ibérica, lo que indica una mayor vulnerabilidad de la región ante estos fenómenos meteorológicos extremos. La combinación de altas precipitaciones y la rapidez de las tormentas de DANA ha provocado que las infraestructuras y la seguridad de las zonas afectadas se vean seriamente comprometidas, especialmente en áreas urbanas y agrícolas cercanas a las costas.

El análisis de estos eventos y las precipitaciones acumuladas muestra que los episodios de DANA están aumentando tanto en frecuencia como en intensidad, lo que sugiere la necesidad urgente de medidas de adaptación al cambio climático para mitigar los efectos de estos fenómenos cada vez más frecuentes.

Zonas más afectadas: Turís, Chiva y otras localidades

Las localidades de **Turís**, **Chiva** y otras áreas cercanas en la Comunidad Valenciana han sido algunas de las más afectadas por los episodios de DANA en los últimos años, especialmente en 2019, cuando las intensas lluvias y las inundaciones asociadas a este fenómeno meteorológico causaron grandes daños en la región.

Turís, en particular, sufrió inundaciones severas en 2019, cuando las precipitaciones acumuladas superaron los 300 mm en pocas horas, lo que provocó el desbordamiento de arroyos y ríos cercanos, afectando tanto a viviendas como a infraestructuras clave. El municipio vio cómo sus calles se llenaban de agua, lo que provocó deslizamientos de tierra y una crisis en la movilidad de los residentes.

En **Chiva**, la situación fue igualmente crítica durante el mismo evento. Las lluvias torrenciales afectaron la red de drenaje y las infraestructuras de la localidad, que tuvieron que hacer frente a inundaciones repentinas que arrastraron vehículos y causaron destrozos materiales. En estos casos, el terreno de la comarca, especialmente vulnerable a los desbordamientos de los ríos y barrancos cercanos, jugó un papel determinante en la magnitud de los daños.

Otras localidades cercanas, como **Alzira**, **Cullera**, **Requena** y **Valencia**, también experimentaron efectos devastadores durante eventos similares. Las intensas lluvias de la DANA en estas zonas generaron inundaciones que dañaron viviendas, cultivos y carreteras, mientras que en zonas rurales, la agricultura sufrió pérdidas económicas debido a la anegación de campos.

Estos episodios evidencian la vulnerabilidad de las zonas cercanas a la costa mediterránea y los ríos de la Comunidad Valenciana frente a las DANAs. Las precipitaciones intensas, unidas a la falta de capacidad de drenaje en algunas áreas y al crecimiento urbano no siempre adecuado para la gestión de grandes volúmenes de agua, han incrementado el riesgo de inundaciones en estas localidades.

Este tipo de fenómenos, aunque recurrentes en la historia de la región, han aumentado en frecuencia y gravedad en las últimas décadas, lo que subraya la necesidad de invertir en infraestructuras de drenaje y en sistemas de prevención y alerta temprana para mitigar los efectos de futuras DANAs.

Consecuencias en Infraestructura y Servicios

- Daños en redes de transporte: carreteras, trenes y aeropuertos

Los efectos de las DANAs en las infraestructuras de transporte, como **carreteras**, **redes ferroviarias** y **aeropuertos**, pueden ser devastadores, especialmente en las zonas más afectadas de la península ibérica. Las intensas lluvias y las inundaciones asociadas a estas depresiones aisladas de niveles altos (DANA) no solo dañan viviendas y cultivos, sino que también interrumpen gravemente los sistemas de transporte, afectando tanto a la movilidad urbana como interurbana.

Carreteras: Las carreteras, especialmente las secundarias y las de montaña, son las que más sufren durante los episodios de DANA. En 2019, por ejemplo, las intensas lluvias provocaron desbordamientos en ríos y arroyos que arrastraron el asfalto en diversas vías, bloqueando completamente el paso de vehículos. Zonas como la Comunidad Valenciana, Alicante y Murcia se vieron afectadas por deslizamientos de tierra, corte de carreteras y destrozos en puentes. Las autoridades locales se vieron obligadas a cerrar tramos importantes de la red vial, lo que provocó grandes atascos y dificultó la evacuación y asistencia de emergencias.

Red de trenes: Las líneas ferroviarias también se ven seriamente afectadas por las DANAs. La saturación del terreno, los desbordamientos de ríos y la acumulación de escombros en las vías pueden generar interrupciones en el servicio ferroviario. En algunos casos, los trenes quedaron atrapados en estaciones o se suspendieron rutas clave, especialmente en las regiones más afectadas, como Valencia y Alicante. En 2019, los servicios de cercanías y media distancia en estas zonas fueron suspendidos durante varias horas debido a inundaciones que dañaron la infraestructura de las vías y los sistemas eléctricos.

Aeropuertos: Los aeropuertos también sufren graves consecuencias durante una DANA. La acumulación de agua en las pistas puede retrasar o incluso cancelar vuelos, mientras que los problemas en las infraestructuras de drenaje y la visibilidad reducida pueden afectar la seguridad aérea. En eventos como el de 2019, el aeropuerto de Valencia y el de Alicante experimentaron retrasos significativos, ya que las tormentas causaron problemas en las conexiones aéreas y en los accesos a los aeropuertos. Los equipos de emergencia tuvieron que trabajar para despejar las áreas afectadas, lo que generó disrupciones en los vuelos nacionales e internacionales.

Los daños en las redes de transporte provocados por las DANAs en la península ibérica son considerables. Estos fenómenos extremos no solo paralizan el tráfico rodado, ferroviario y aéreo, sino que también revelan la necesidad de invertir en infraestructuras más resilientes y en sistemas de alerta temprana para mitigar el impacto de estas tormentas en el futuro. Las inversiones en drenaje, refuerzo de puentes y el mantenimiento adecuado de las redes de transporte son cruciales para reducir los efectos negativos de estos eventos meteorológicos en las infraestructuras clave del país.

Cancelación y reubicación de vuelos

Durante episodios de DANA, la **cancelación y reubicación de vuelos** son medidas inevitables en muchos casos, especialmente cuando las intensas lluvias y tormentas generan condiciones meteorológicas adversas que afectan la seguridad de los aeropuertos y el tráfico aéreo.

En **aeropuertos** como los de **Valencia**, **Alicante** y **Murcia**, las fuertes lluvias pueden inundar las pistas, reducir la visibilidad y dificultar las maniobras de los aviones, lo que obliga a **cancelar vuelos** o a **reubicar a los pasajeros** en otros vuelos o aeropuertos cercanos. En 2019, por ejemplo, durante una DANA que afectó al Levante español, se registraron **retrasos y cancelaciones** masivas, tanto nacionales como internacionales, debido a las malas condiciones meteorológicas. Esto incluyó vuelos de **airlines** importantes que fueron reprogramados para evitar la sobrecarga de tráfico aéreo o el riesgo de despegue y aterrizaje en condiciones inseguras.

Además de las cancelaciones, en ocasiones, los pasajeros afectados tienen que ser reubicados en **otros vuelos**, lo que genera largos tiempos de espera en las terminales, y puede llevar a un caos logístico dentro de los aeropuertos. Las compañías aéreas deben gestionar la reubicación de los viajeros y la coordinación con otros aeropuertos o rutas alternativas. En casos extremos, algunos vuelos pueden ser desviados a **aeropuertos cercanos** si la situación empeora en el aeropuerto principal, lo que añade aún más complejidad a la situación.

El impacto de las DANAs en la aviación no solo involucra la cancelación de vuelos programados, sino que también plantea desafíos en términos de **información y servicio al cliente**, ya que los pasajeros afectados deben ser informados de las nuevas opciones de vuelo, cambios en los horarios y posibles reembolsos o compensaciones.

La reubicación de vuelos y la cancelación de los mismos durante estos eventos climáticos refuerzan la importancia de contar con sistemas de alerta temprana y protocolos de emergencia para reducir las interrupciones en el tráfico aéreo y ofrecer soluciones eficientes a los pasajeros afectados.

Suspensión de servicios ferroviarios y de autobús

Durante episodios de DANA (depresión aislada en niveles altos), la **suspensión de servicios ferroviarios y de autobús** se convierte en una medida común debido a las severas condiciones meteorológicas, que afectan tanto a la infraestructura como a la seguridad de los pasajeros. Las lluvias torrenciales, las inundaciones y los desbordamientos de ríos y arroyos pueden dañar las vías ferroviarias y las carreteras, interrumpiendo el transporte público y afectando la movilidad en las zonas afectadas.

En el caso del **ferrocarril**, los sistemas de **cercanías** y **media distancia** son especialmente vulnerables. Durante los episodios de DANA, el **desbordamiento de ríos** o el colapso de estructuras como **puentes y túneles** puede bloquear las vías. En 2019, por ejemplo, varias líneas de trenes fueron suspendidas o desviadas en **Comunidad Valenciana** y **Murcia** debido a las inundaciones, lo que causó importantes interrupciones en el transporte. La **Red Ferroviaria Española (Renfe)** suele proceder con la **suspensión temporal** de los servicios, particularmente en zonas rurales o montañosas donde el acceso es más difícil, y donde las inundaciones pueden destruir tramos completos de vías o incluso generar deslizamientos de tierra que bloquean el paso de trenes.

En cuanto a los **autobuses**, las empresas de transporte se enfrentan a desafíos similares. Las **líneas de autobuses interurbanos** y **de cercanías** pueden quedar suspendidas cuando las carreteras se inundan o cuando los deslizamientos de tierra bloquean las rutas. Durante las DANA, las **autoridades locales** y las compañías de transporte público deben **suspender temporalmente** los servicios para garantizar la seguridad de los pasajeros y evitar accidentes. Además, las **carreteras afectadas** por los desbordamientos de ríos y las malas condiciones de la carretera hacen que los vehículos queden atrapados en el tráfico, lo que aumenta la duración de los viajes y retrasa las rutas programadas.

Por ejemplo, en 2023, durante un episodio de DANA en el sureste de España, muchas líneas de autobuses que conectaban ciudades como **Valencia**, **Alicante** y **Murcia** con zonas más rurales fueron **canceladas** o **modificadas** debido a las lluvias intensas que inundaron las carreteras principales. Las **suspensiones temporales** de estos servicios son una respuesta necesaria para preservar la seguridad, pero provocan grandes inconvenientes a los viajeros, que deben buscar alternativas para desplazarse.

La **gestión de crisis** en el transporte público durante estos fenómenos se apoya en la **alerta temprana**, pero la infraestructura y la red de comunicaciones también juegan un papel importante. La coordinación entre las autoridades de transporte, los cuerpos de seguridad y los operadores de trenes y autobuses es crucial para minimizar los efectos de la suspensión de servicios, reprogramar rutas y, cuando es posible, habilitar caminos alternativos para restablecer la movilidad en las áreas afectadas.

La suspensión de los **servicios ferroviarios** y **autobuses** es una consecuencia directa de los efectos de las DANAs, que requieren medidas excepcionales para garantizar la seguridad, lo que a su vez impacta la movilidad y los horarios de transporte público en muchas localidades.

Impacto en infraestructuras residenciales y comerciales

El **impacto de las DANAs en infraestructuras residenciales y comerciales** es uno de los aspectos más críticos durante estos fenómenos meteorológicos extremos. Las **tormentas intensas** y las **inundaciones repentinas** que acompañan a estas depresiones pueden causar **daños graves** a edificios, instalaciones y bienes materiales, afectando tanto a hogares como a negocios.

Impacto en infraestructuras residenciales:

Las viviendas, especialmente aquellas en **zonas bajas** o **cercanas a cauces de ríos**, son las más vulnerables a los efectos de las DANAs. Las **inundaciones** pueden provocar daños estructurales significativos, ya que el agua puede **colapsar techos** y **paredes** y **destruir cimientos**. En algunas ocasiones, el agua puede llegar a arrastrar por completo viviendas, dejando a muchas personas sin hogar. Las familias pueden perder sus bienes, tanto materiales como sentimentales, lo que genera un alto coste económico y emocional.

En cuanto a las **instalaciones eléctricas** y **sistemas de calefacción**, las **inundaciones** pueden cortocircuitar las instalaciones, interrumpiendo los servicios básicos durante días o semanas. Esto también eleva los riesgos para la salud, ya que la falta de electricidad puede dificultar el acceso a agua potable o a **servicios médicos** en zonas afectadas.

En eventos recientes, como los ocurridos en la **Comunidad Valenciana** en 2019, las fuertes lluvias arrasaron barrios enteros, afectando viviendas de **baja altura**, que son especialmente vulnerables a la rápida acumulación de agua. En algunos casos, la fuerza del agua llevó consigo escombros que colapsaron infraestructuras completas, lo que dejó muchas familias atrapadas dentro de sus hogares, requiriendo rescates urgentes.

Impacto en infraestructuras comerciales:

Las **zonas comerciales** también sufren graves repercusiones. Los **locales comerciales** situados en plantas bajas o en áreas sin un adecuado sistema de drenaje son propensos a sufrir inundaciones que pueden destruir **mercancías, mobiliario** y **equipos electrónicos**. Además, la acumulación de agua puede **colapsar techos** o provocar **desbordamientos** que dejan inutilizados los espacios durante largos períodos.

Los comercios en áreas de **alto tráfico**, como restaurantes, tiendas de ropa y supermercados, pueden sufrir pérdidas económicas devastadoras. Las **inundaciones** interrumpen el flujo de clientes, lo que, combinado con la **necesidad de reparación** de las instalaciones, puede llevar a los negocios a **cerrar temporalmente** y perder ingresos. En muchos casos, las empresas también se enfrentan a **costes elevados** por **la reparación de daños estructurales** y la **reposición de inventarios** dañados.

Además, las **infraestructuras comerciales** como los centros comerciales y grandes almacenes pueden sufrir daños aún mayores debido a la acumulación de agua, que puede afectar tanto a los **sistemas de ventilación** como a las **instalaciones eléctricas**. En algunos casos, los **clientes** y **trabajadores** tienen que ser evacuados, lo que afecta directamente a la operatividad del comercio.

En eventos pasados, como el de la **tormenta de DANA** en **Alicante** en 2021, muchas pequeñas empresas se vieron obligadas a **suspender temporalmente sus operaciones** debido a que sus locales fueron gravemente dañados. Incluso los grandes comercios, como los situados en centros comerciales, reportaron pérdidas debido al daño de mercancía y la interrupción del suministro eléctrico.

El impacto de las DANAs en las infraestructuras residenciales y comerciales subraya la necesidad urgente de **planificación urbana** que considere el cambio climático y los riesgos asociados a estos fenómenos. Es esencial que las viviendas y comercios estén mejor **preparados** para enfrentar estas emergencias, con **sistemas de drenaje** eficaces, **materiales resistentes al agua** y planes de **evacuación** que protejan tanto a los residentes como a los propietarios de negocios frente a los efectos devastadores de las tormentas extremas.

Medidas de Emergencia y Respuesta Oficial

- Actuación de los servicios de emergencia y cuerpos de seguridad

Durante los episodios de DANA, la **actuación de los servicios de emergencia y cuerpos de seguridad** es crucial para mitigar los efectos de la tormenta y salvar vidas, además de reducir los daños materiales. Estos servicios deben actuar rápidamente y de manera coordinada, ya que las condiciones cambian rápidamente y pueden poner en peligro tanto a los ciudadanos como a las infraestructuras. La intervención de **bomberos, policías, equipos de rescate, protección civil** y **personal sanitario** es fundamental para gestionar la emergencia.

Despliegue y Coordinación de Servicios de Emergencia:

El **Plan Nacional de Emergencias** y los **planes autonómicos de protección civil** juegan un papel esencial en la **organización** de los servicios de emergencia. Estos planes permiten que los recursos de diferentes entidades se coordinen eficientemente para ofrecer una respuesta rápida. Los servicios de emergencia suelen trabajar de forma conjunta para realizar **evacuaciones, rescate de personas atrapadas** y garantizar que las zonas más afectadas reciban atención urgente.

Durante una DANA, la **Policía Local y Guardia Civil** se encargan de cerrar carreteras **cercanas a áreas inundadas o dañadas,** estableciendo puntos de control para evitar que los vehículos accedan a zonas peligrosas. Asimismo, colaboran en el rescate de personas atrapadas en vehículos o edificios, proporcionan **información a la población** y gestionan el **tráfico** en las áreas afectadas.

Acción de los Bomberos:

Los **bomberos** juegan un papel esencial en la **intervención rápida**. Durante los episodios de DANA, se ven obligados a realizar **rescate de personas atrapadas en inundaciones,** desescombro tras **deslizamientos de tierra** y, en ocasiones, apagar incendios originados por **cortocircuitos eléctricos** provocados por las lluvias. En zonas como **Valencia** y **Alicante**, las **unidades de bomberos** se movilizan para **rescatar a personas de viviendas anegadas,** utilizando embarcaciones para llegar a zonas donde el nivel del agua es demasiado alto para vehículos. Además, realizan labores de **evacuación** de aquellas viviendas que están en riesgo de ser alcanzadas por las aguas.

Protección Civil:

La **Protección Civil**, a través de sus unidades en cada comunidad autónoma, coordina las tareas de **evacuación** de zonas vulnerables y de **entrega de suministros básicos,** como alimentos y agua, a las áreas más afectadas. La **información preventiva** es otra de sus tareas clave, alertando a la población a través de sistemas de alerta temprana y **mensajes de evacuación**. Además, los equipos de protección civil ayudan en la **reubicación** de personas que han perdido sus hogares y en la **supervisión de refugios temporales**.

Intervención Sanitaria:

Los servicios **sanitarios de emergencia** también son vitales en este tipo de situaciones. Las **ambulancias** y los **equipos de médicos y paramédicos** deben estar preparados para atender a las personas afectadas por las inundaciones, que pueden sufrir lesiones, hipothermia, o intoxicaciones por el contacto con aguas contaminadas. También se ocupan de **trasladar a las personas heridas** a los hospitales, lo que, en ocasiones, requiere el uso de **helicópteros** o **transporte marítimo** en áreas costeras o de difícil acceso.

En eventos como el de la **DANA de 2019** en **Murcia y Valencia**, la **reacción de los servicios de emergencia** fue fundamental para salvar vidas. En ese episodio, las fuertes lluvias causaron **inundaciones masivas**, por lo que se desplegaron más de **3.000 efectivos** para **evacuar a más de 1.500 personas**, principalmente en áreas rurales y urbanas de la **Comunidad Valenciana**. Los **bomberos** rescataron a más de 100 personas atrapadas en viviendas o vehículos.

Desafíos y lecciones aprendidas:

El **desafío** para los cuerpos de seguridad y servicios de emergencia durante una DANA es el **tiempo limitado** para reaccionar ante fenómenos repentinos. La gran cantidad de **afectados** y la dificultad para **acceder a ciertas zonas** debido a inundaciones o desastres en infraestructuras ralentizan la actuación. Sin embargo, los episodios más recientes han demostrado que la mejora en la **coordinación** entre las diferentes fuerzas de seguridad, así como el **uso de nuevas tecnologías** para prever el comportamiento de las tormentas y gestionar el tráfico, ha sido crucial para **minimizar el impacto** de estos fenómenos.

La actuación de los **servicios de emergencia y cuerpos de seguridad** ante una DANA es esencial para salvaguardar la vida de las personas, proporcionar ayuda inmediata a los damnificados y garantizar la rápida recuperación de las zonas afectadas. Sin su intervención rápida y coordinada, las consecuencias de estos fenómenos meteorológicos extremos serían mucho más devastadoras.

- # Coordinación entre las autoridades locales y nacionales

La **coordinación entre las autoridades locales y nacionales** durante una **DANA** (Depresión Aislada en Niveles Altos) es crucial para garantizar una respuesta eficiente y rápida ante los desastres causados por este fenómeno meteorológico. La **acción conjunta** de los diferentes niveles de gobierno, desde las administraciones locales hasta el **gobierno central**, permite optimizar los recursos y asegurar la seguridad de la población.

Actuación local:

Las **autoridades locales**, como los **alcaldes, policías municipales**, y los equipos de **emergencias locales**, son los primeros en reaccionar ante una DANA. En la fase inicial, son responsables de la **gestión directa de los recursos** en el terreno. Esto incluye el despliegue de los **equipos de rescate** y la **evacuación de ciudadanos** en las áreas más vulnerables. Las **fuerzas locales** son las encargadas de implementar los planes de emergencia, como los **planes de evacuación**, e intervenir en los primeros momentos cuando se detectan **riesgos inmediatos**.

El **gobierno local** también tiene la responsabilidad de proporcionar **información preventiva** a la ciudadanía, como alertas sobre el clima y recomendaciones de seguridad. La **comunicación directa** con los residentes es clave para garantizar que las personas puedan tomar las decisiones adecuadas y se eviten situaciones de riesgo.

Intervención regional y autonómica:

Las **comunidades autónomas** juegan un papel clave en la coordinación de los recursos para el **rescate** y la **gestión de**

emergencias en sus respectivas zonas. A nivel regional, las **Consejerías de Interior, Protección Civil y Sanidad** tienen un papel central en la gestión de crisis. Son responsables de coordinar la intervención de los **servicios de emergencia** a través de las distintas provincias dentro de la comunidad autónoma, gestionando la **distribución de suministros**, recursos humanos y equipos especializados.

Cuando el impacto de la DANA es más grave, las comunidades autónomas pueden solicitar la ayuda del **gobierno central**, especialmente en términos de **equipos de rescate** y recursos **logísticos adicionales**. Un ejemplo de coordinación exitosa ocurrió en la **Comunidad Valenciana** durante las inundaciones de **2019**, donde la **Protección Civil autonómica** trabajó en estrecha colaboración con los **ayuntamientos** y el **Ministerio de Interior** para coordinar el rescate de personas atrapadas por las inundaciones y el cierre de carreteras.

Coordinación con el gobierno central:

El **gobierno central**, a través del **Ministerio de Interior** y otras agencias como la **Agencia Española de Meteorología (AEMET)**, tiene la responsabilidad de **coordinar la respuesta a nivel nacional**. Este papel se activa cuando las autoridades locales y regionales no pueden hacer frente a la magnitud del fenómeno. El **Ministerio de Defensa** también puede intervenir si se requiere apoyo militar para **evacuaciones masivas** o para intervenir en áreas de difícil acceso.

A nivel nacional, la **coordinación interministerial** es esencial. El gobierno puede movilizar equipos especializados como **bomber@s** de otras comunidades, así como recursos materiales y humanos que no estén disponibles localmente. Además, el gobierno nacional puede proporcionar **financiamiento extraordinario** para la recuperación de infraestructuras dañadas y para la atención a los afectados, además de poner en marcha **protocolos de ayuda económica** para apoyar a las **familias damnificadas** y **negocios locales**.

En situaciones graves, el **gobierno nacional** también puede declarar el **estado de emergencia**, lo que permite **activar fondos especiales** y dar acceso a mayores recursos, como personal de **sanidad** y **asistencia social** para los afectados.

Uso de tecnologías para la coordinación:

Uno de los aspectos más importantes de la **coordinación entre autoridades locales y nacionales** en el contexto de una DANA es el **uso de tecnologías de la información**. La **AEMET**, a través de sus alertas meteorológicas, proporciona información precisa sobre las **condiciones climáticas** y **riesgos de inundación** en tiempo real, lo que permite a las autoridades locales y regionales anticiparse y tomar medidas preventivas. Además, se utilizan plataformas de **comunicación en red** que facilitan la **intercambio de información** entre los diferentes niveles de administración, asegurando una respuesta rápida y coordinada.

Lecciones aprendidas y retos:

La experiencia de las DANAs pasadas ha revelado algunos **desafíos** en la **coordinación** entre los diferentes niveles de gobierno. La rapidez con la que se **comunican las alertas meteorológicas** y la **disponibilidad de recursos** son dos áreas clave que deben mejorar. Durante eventos anteriores, como el **episodio de DANA en 2019**, la **coordinación** fue eficiente, pero la magnitud de las lluvias y las **inundaciones repentinas** demostraron que aún existen áreas para mejorar la **coordinación logística** y las **respuestas rápidas** a situaciones imprevistas.

En conclusión, la **coordinación eficaz entre las autoridades locales, autonómicas y nacionales** es fundamental para hacer frente a los impactos de una DANA. A través de la colaboración entre los diferentes niveles de gobierno, es posible mejorar la **gestión de emergencias**, proteger la vida de los ciudadanos y reducir los daños materiales, garantizando una respuesta rápida y organizada ante estos fenómenos meteorológicos extremos.

Programas de ayuda y asistencia a las víctimas

Los **programas de ayuda y asistencia a las víctimas** de fenómenos meteorológicos extremos como una **DANA** son esenciales para mitigar los efectos devastadores sobre las personas y las comunidades afectadas. En el caso de la Península Ibérica, las autoridades locales, regionales y nacionales, así como diversas **organizaciones humanitarias**, desarrollan y ponen en marcha una serie de mecanismos de apoyo que incluyen tanto la **asistencia inmediata** como la **recuperación a largo plazo**.

Asistencia de Emergencia:

Cuando se declara una alerta de DANA, los primeros en intervenir son los **equipos de emergencia** (Bomberos, Protección Civil, Fuerzas de Seguridad del Estado). Estos equipos trabajan en **rescate de personas**, asistencia médica, y **provisión de albergues temporales** para aquellos desplazados. Las autoridades locales y autonómicas movilizan recursos de **primer auxilio y alimentos básicos** a través de **centros de distribución**.

Por ejemplo, durante las inundaciones de la DANA en 2019 en la Comunidad Valenciana, se distribuyeron **kits de emergencia** que incluían alimentos no perecederos, **ropa de abrigo** y **artículos de higiene**. También se habilitaron **refugios temporales** en escuelas y centros comunitarios para acoger a las personas afectadas.

Apoyo Psicológico y Social:

Además de la **asistencia material**, es crucial ofrecer **apoyo psicológico** a las víctimas, muchas de las cuales sufren de **trauma emocional** debido a la pérdida de bienes materiales, viviendas e incluso seres queridos. En estos casos, las **unidades de psicólogos y trabajadores sociales** se despliegan para proporcionar atención a la salud mental de los afectados. En algunas situaciones, como las que tuvieron lugar en **Murcia** durante las tormentas de 2024, los **servicios sociales** locales organizaron grupos de **apoyo emocional** y **terapias grupales** para las personas afectadas por la tragedia.

Ayuda Económica y Rehabilitación:

Una vez que las **emergencias inmediatas** son gestionadas, los gobiernos suelen ofrecer **ayuda económica** para ayudar a las víctimas a **recuperarse** de las pérdidas materiales. Los **fondos de emergencia** son activados tanto a nivel **local** como **nacional**. En este sentido, el **Ministerio de Hacienda** y las **comunidades autónomas** tienen la capacidad de movilizar **subvenciones** y **préstamos** blandos para ayudar a las familias afectadas, en particular aquellas cuyas viviendas fueron destruidas o gravemente dañadas.

En casos específicos, las **aseguradoras** y entidades bancarias también juegan un rol en la recuperación de las pérdidas, al facilitar **condiciones de pago favorables** para los afectados. En situaciones más complejas, las **ONGs** como **Cruz Roja** y **Médicos Sin Fronteras** brindan asistencia económica directa para la compra de **alimentos**, **ropa** y materiales de construcción para reparar los hogares.

Rehabilitación de Infraestructuras:

La **reconstrucción de infraestructuras** también es una de las prioridades a largo plazo tras una DANA. Esto implica la restauración de **carreteras, redes de saneamiento, suministros de agua** y **red eléctrica**. Los gobiernos nacionales y regionales activan **planes de recuperación** y **reconstrucción de viviendas**, utilizando fondos de emergencia y ayudas del **Fondo Social Europeo**. En el caso de las **inundaciones de 2024**, los **Ministerios de Transporte y Fomento** colaboraron con las **administraciones locales** para asegurar que la infraestructura pública dañada fuera rehabilitada lo antes posible.

Programas de Prevención y Conciencia Pública:

Además de la asistencia directa a las víctimas, los programas de ayuda también incluyen medidas para **prevenir** futuros desastres. Las **campañas de concienciación pública** sobre los riesgos de fenómenos como las DANAs, así como sobre las **medidas de seguridad** que deben tomar los ciudadanos en situaciones de emergencia, son fundamentales para reducir las pérdidas humanas y materiales en el futuro. Las autoridades locales y nacionales invierten en **sistemas de alerta temprana** y en la educación sobre cómo **actuar ante inundaciones** y otras amenazas meteorológicas.

Cooperación Internacional:

En situaciones extremas, las autoridades también pueden coordinarse con organismos **internacionales** de ayuda. Las **Naciones Unidas**, **Cruz Roja Internacional**, **la Unión Europea** y otras organizaciones internacionales pueden aportar recursos y asistencia técnica, especialmente si los efectos de la DANA tienen un alcance más allá de lo que pueden manejar las autoridades nacionales.

Los **programas de ayuda y asistencia** a las víctimas de las DANAs son fundamentales para la **recuperación rápida** y la **reducción del sufrimiento**. A través de una **coordinación efectiva** entre las autoridades nacionales, regionales, locales y las **organizaciones internacionales**, se puede garantizar que las víctimas reciban la asistencia necesaria para superar la tragedia. No obstante, las lecciones aprendidas también deben reflejarse en políticas preventivas para reducir los impactos de futuros fenómenos meteorológicos extremos.

La Recuperación y Reconstrucción

○ Proceso de restauración de la infraestructura

El **proceso de restauración de la infraestructura** tras una DANA es una tarea compleja que involucra varios pasos coordinados entre las **autoridades locales, organismos nacionales** y, en algunos casos, organismos internacionales. La restauración no solo se refiere a la reparación de los **daños materiales**, sino también a la **reconstrucción** y **fortalecimiento de las infraestructuras** para mitigar el impacto de futuros fenómenos meteorológicos extremos.

1. Evaluación de daños:

El primer paso tras el paso de una DANA es la **evaluación de daños** en las infraestructuras afectadas. Equipos de **ingenieros, arquitectos,** y **personal especializado** en infraestructuras públicas y privadas recorren las áreas afectadas para realizar un análisis exhaustivo de las **carreteras, puentes, edificaciones** y **sistemas de servicios básicos** (agua, electricidad, gas, telecomunicaciones). Esta fase es crítica porque permite identificar las **zonas de mayor vulnerabilidad** y establecer prioridades en el proceso de restauración.

Por ejemplo, tras las inundaciones de 2024 en Valencia, las autoridades locales se enfrentaron a una **dañada red de carreteras** y **sistemas de drenaje** que debían ser restaurados para evitar nuevas inundaciones en futuras tormentas. La **inspección técnica** reveló que muchos **puentes y túneles** no solo estaban obstruidos, sino que también presentaban **desprendimientos estructurales**.

2. Reparación de infraestructuras críticas:

La **reparación de infraestructuras críticas** es la prioridad número uno en los primeros días y semanas tras el desastre. Las **carreteras principales**, que son esenciales para la circulación de ayuda humanitaria y la evacuación de los afectados, deben ser restauradas con rapidez. En zonas donde los **puentes** y **caminos** han sido destruidos o severamente dañados, se colocan **puentes temporales** y se habilitan **rutas alternativas** para restablecer la conectividad.

En este contexto, las **fuerzas de ingeniería militar** juegan un papel fundamental al construir rápidamente **infraestructuras provisionales** que permitan la circulación y el acceso a las áreas más afectadas. Este tipo de intervenciones, aunque no sean definitivas, son esenciales para **aliviar el impacto inmediato** sobre las comunidades.

3. Restauración de servicios básicos:

Uno de los aspectos más críticos tras una DANA es la **restauración de los servicios básicos**. Esto incluye el restablecimiento de **suministro de agua potable, electricidad, gas** y **sistemas de saneamiento**. En muchas ocasiones, las fuertes lluvias y las inundaciones dañan tanto las **redes de distribución** de estos servicios que el proceso de reparación puede llevar semanas o incluso meses.

Las autoridades de la **Comunidad Valenciana** y otras regiones afectadas en 2024 trabajaron sin descanso para reparar las **tuberías rotas** y las **planta de tratamiento de agua**. Además, se implementaron medidas de **suministro temporal** como el uso de **cisternas de agua potable** y generadores para abastecer a las zonas más afectadas.

4. Reconstrucción de viviendas y edificios:

La reconstrucción de **viviendas** es uno de los aspectos más dolorosos de la restauración tras una DANA. Muchas personas pierden **casas, locales comerciales** y **edificaciones históricas** que son cruciales para la identidad de la comunidad. En muchos casos, se establecen **subvenciones gubernamentales** o **préstamos blandos** para financiar la **reconstrucción**.

Los programas de **subvenciones para la rehabilitación de viviendas** son gestionados por las **comunidades autónomas** con el respaldo del **Ministerio de Fomento**. En la fase inicial, se prioriza la **reconstrucción de viviendas de primera necesidad**, seguido de la restauración de **infraestructuras comerciales** para permitir la **recuperación económica** de las zonas afectadas.

5. Refuerzo de infraestructuras para mitigar futuros desastres:

Una vez que las infraestructuras más afectadas han sido restauradas, el siguiente paso es **fortalecer la resiliencia** de la infraestructura para futuras tormentas. Esto puede implicar la **modificación del diseño** de **carreteras, redes de drenaje** y **sistemas de contención de agua** para hacer frente a tormentas más intensas. En muchos casos, se implementan **sistemas de alerta temprana** y **métodos de previsión meteorológica** para mejorar la respuesta ante futuras DANA.

En el caso de la **Comunidad Valenciana**, se han propuesto planes de **infraestructura verde**, como la **plantación de vegetación** en áreas de alto riesgo de inundación, con el fin de reducir la **erosión del suelo** y **mejorar la capacidad de absorción del agua**.

6. Proceso de planificación y financiación:

El proceso de restauración de infraestructuras tras una DANA no se limita a la reparación física. También involucra un proceso de **planificación a largo plazo** para mejorar la **seguridad estructural** y la **sostenibilidad** de las infraestructuras en la región. La financiación de estas tareas proviene de una combinación de **fondos públicos** (nacionales, regionales y locales) y **subvenciones de la Unión Europea**. En algunos casos, los gobiernos locales pueden recurrir a **bonos de reconstrucción** o asociaciones con el sector privado para financiar proyectos de largo plazo.

El proceso de restauración de infraestructuras tras una DANA es un esfuerzo integral que requiere **coordinación entre diferentes niveles de gobierno**, **recursos técnicos**, **financieros** y **humanos**, y un enfoque a largo plazo para mejorar la resiliencia ante futuros desastres. No solo se trata de reparar lo dañado, sino de **reconstruir de manera más segura**, **sostenible** y **preparada** para el futuro, garantizando así que las infraestructuras sean capaces de resistir fenómenos meteorológicos extremos similares en el futuro.

Impacto económico y evaluación de daños

El **impacto económico** de una DANA (Depresión Aislada en Niveles Altos) puede ser devastador, tanto en términos de **daños materiales directos** como en el **efecto disruptivo** que genera en la actividad económica de las regiones afectadas. Este tipo de fenómenos meteorológicos extremos, como los que ocurrieron en la Comunidad Valenciana en 2024, tienen consecuencias que se extienden más allá de las infraestructuras, afectando tanto a **empresas locales** como a **sectores clave de la economía**.

1. Daños directos en infraestructuras:

Uno de los primeros y más visibles efectos de una DANA es el **daño a las infraestructuras públicas y privadas**, que afecta al transporte, la vivienda, la industria y los comercios. Por ejemplo, las **carreteras principales**, los **puentes**, las **líneas ferroviarias** y las **redes eléctricas** son frecuentemente **destruidos o severamente dañados**. Esto conlleva **costos elevados de reparación** y una **interrupción del servicio** que puede durar semanas o incluso meses. La **Comunidad Valenciana**, por ejemplo, vio un impacto significativo en sus **infraestructuras de transporte** debido a la inundación de carreteras y daños en el sistema ferroviario, que afectaron tanto al tráfico local como al acceso a zonas de alta producción agrícola, aumentando los costos logísticos y afectando la cadena de suministro.

2. Pérdidas en la agricultura y el turismo:

Las **inundaciones** y las **tormentas intensas** impactan de manera directa en sectores clave como la **agricultura** y el **turismo**. En la región mediterránea, la **agricultura** es uno de los sectores más vulnerables, ya que los cultivos pueden ser arrasados por las lluvias torrenciales, afectando tanto a **pequeños agricultores** como a grandes **productores de cítricos** y **hortalizas**. En muchos casos, las cosechas son destruidas, lo que lleva a una **pérdida de ingresos** para los productores y una disminución de la oferta de productos.

En cuanto al **turismo**, las **zonas costeras** pueden sufrir **daños severos en la infraestructura hotelera** y **atraques portuarios**, lo que afecta la **actividad turística** en pleno pico de temporada. Además, las malas condiciones climáticas pueden hacer que los turistas cancelen sus planes de viaje, lo que impacta negativamente en la **economía local** que depende de este sector.

3. Evaluación de daños económicos:

La evaluación de los daños económicos tras una DANA suele ser compleja y se realiza en etapas. **Gobiernos locales**, **estatales** y **organismos internacionales** colaboran para realizar un **análisis exhaustivo** del impacto económico, que incluye tanto los **daños directos** (como reparaciones de infraestructuras) como las **pérdidas indirectas** (como la reducción de la productividad). Para estimar el impacto global, las **aseguradoras** y las **autoridades económicas** toman en cuenta factores como:

- **Costos de reparación y reconstrucción**: Esta es una parte fundamental de la evaluación económica, ya que la reparación de las infraestructuras dañadas puede representar una inversión significativa, que incluye desde la **restauración de carreteras** hasta la **reconstrucción de edificios** y **sistemas de drenaje**.

- **Pérdidas en el sector privado**: Las pequeñas y medianas empresas, especialmente las **comerciales** y las que dependen del **comercio local**, pueden sufrir **pérdidas de ingresos** debido al cierre temporal o la destrucción de sus instalaciones. Las industrias como la **hostelería**, los **restaurantes**, las **tiendas** y los **mercados** son de las más afectadas, ya que sus operaciones pueden paralizarse durante semanas.

- **Impacto en la cadena de suministro**: La DANA también puede interrumpir las cadenas de **suministro y distribución**, afectando la disponibilidad de productos y aumentando los costos. El **transporte por carretera y ferrocarril** puede verse interrumpido debido a daños en la infraestructura, lo que retrasa el **abastecimiento de alimentos**, **combustibles** y otros productos esenciales.

4. Estimaciones de pérdidas económicas:

El impacto económico de una DANA varía según la intensidad del fenómeno y las regiones afectadas. Para poner en perspectiva el impacto, la **Comunidad Valenciana**, en los episodios más recientes, ha experimentado pérdidas que rondan los **miles de millones de euros**, especialmente en los sectores de **agricultura, infraestructura y turismo**. La **pérdida de cosechas** y la **parálisis temporal de empresas** pueden generar un **declive económico** a corto plazo, con efectos en los **empleos locales** y en las **ventas comerciales**.

5. Estrategias de mitigación y recuperación económica:

Tras los daños, el proceso de **recuperación económica** es fundamental y requiere de **estrategias de mitigación** para prevenir futuros desastres. Los **fondos de reconstrucción** y las **subvenciones gubernamentales** son esenciales para financiar la **restauración de infraestructuras críticas** y el **apoyo a las víctimas**. Además, el **refuerzo de los sistemas de drenaje**, la **fortalecimiento de las infraestructuras** y la implementación de **estrategias de adaptación** son cruciales para reducir el riesgo de pérdidas económicas en el futuro.

El impacto económico de una DANA en regiones como la Comunidad Valenciana no solo se mide por la magnitud de los daños directos, sino también por los efectos a largo plazo sobre los sectores productivos clave, lo que requiere una respuesta rápida y coordinada entre las autoridades para minimizar las pérdidas económicas y acelerar la recuperación.

- # Programas de apoyo a afectados y reconstrucción a largo plazo

Tras el paso de una DANA, la respuesta de emergencia y la recuperación a largo plazo son fundamentales para mitigar los efectos del desastre y restablecer la normalidad en las áreas afectadas. Para ello, se implementan diversos **programas de apoyo a los afectados** y **estrategias de reconstrucción a largo plazo**, que se llevan a cabo tanto a nivel local como nacional, y que incluyen asistencia financiera, logística y social.

1. Programas de apoyo inmediato a los afectados:

En las primeras fases de un evento de DANA, los **programas de apoyo inmediato** se centran en la **asistencia humanitaria** a las personas más afectadas. Esto incluye la **provisión de alimentos, agua potable, refugios temporales**, y **atención médica**. Las autoridades locales, junto con las **ONGs** y las **entidades gubernamentales**, movilizan equipos de rescate para localizar y asistir a las víctimas. Los **servicios sociales** suelen activar protocolos de **atención psicológica** para ayudar a las personas a hacer frente al trauma causado por el desastre.

Además, las **subvenciones** y **ayudas económicas** se ponen en marcha para las familias que han sufrido pérdidas graves en sus viviendas o propiedades. Estas ayudas se distribuyen de manera directa para garantizar que los afectados puedan cubrir necesidades inmediatas, como ropa, medicinas, y en algunos casos, el alquiler de viviendas temporales.

2. Apoyo económico a las empresas locales:

El impacto de la DANA también se extiende al **sector económico**. Las **pequeñas y medianas empresas (PYMES)** que han sufrido daños en sus instalaciones o han visto su actividad paralizada reciben ayuda financiera a través de **subvenciones** o **préstamos blandos**. Estas medidas buscan **garantizar la recuperación económica** de las empresas afectadas, promoviendo su reinicio y evitando una crisis laboral.

En algunas ocasiones, se implementan **exoneraciones fiscales** o **reducciones impositivas** para aliviar la carga económica de las empresas, sobre todo en las regiones más afectadas por los daños en infraestructuras comerciales o turísticas.

3. Programas de reconstrucción a largo plazo:

La **reconstrucción a largo plazo** no solo se centra en reparar los daños materiales, sino en **fortalecer la resiliencia** de las zonas afectadas para evitar futuros desastres de magnitud similar. Los **fondos de reconstrucción** proporcionados por las administraciones públicas tienen un papel esencial en la restauración de **infraestructuras clave, como carreteras, ferrocarriles, sistemas de drenaje**, y **hospitales**.

Uno de los componentes más importantes en la reconstrucción es el **reforzamiento de la infraestructura**, con el objetivo de garantizar que las futuras tormentas no causen los mismos niveles de daño. Se promueve el uso de **materiales más resistentes**, el diseño de **sistemas de drenaje más eficientes**, y la **mejora de las infraestructuras de energía** y **agua potable** para garantizar su funcionamiento durante futuros eventos climáticos extremos.

4. Iniciativas de prevención y planificación urbana:

A largo plazo, la reconstrucción de zonas afectadas por una DANA se acompaña de **estrategias de planificación urbana** para **mitigar** futuros riesgos. En este sentido, se realizan **estudios climáticos** y **proyectos de gestión de riesgos** para **reestructurar áreas vulnerables** a inundaciones, deslizamientos de tierra u otros efectos derivados de fenómenos meteorológicos extremos.

Se instalan **sistemas de alerta temprana**, se refuerzan los **planes de evacuación** y se promueve la **educación y sensibilización** de la población sobre los riesgos climáticos y cómo actuar en situaciones de emergencia. Los **sistemas de drenaje** también son modernizados, priorizando las zonas que históricamente han sido más vulnerables a las inundaciones.

5. Colaboración entre instituciones y ciudadanos:

La **coordinación entre las autoridades locales, regionales, y nacionales** es fundamental para el éxito de los programas de apoyo y reconstrucción. Los **equipos de respuesta rápida** formados por **bomberos, policías**, y **voluntarios** colaboran con **organismos internacionales** y **empresas privadas** para garantizar una recuperación efectiva.

En cuanto a la **colaboración ciudadana**, la respuesta de la comunidad es clave en la **reconstrucción social y psicológica**. A menudo, las personas afectadas organizan **acciones comunitarias** para ayudarse mutuamente a limpiar y reconstruir sus hogares, mientras que las **asociaciones locales** y **organizaciones de vecinos** juegan un papel crucial en la distribución de la ayuda y la **promoción de la cohesión social**.

6. Fondos internacionales y ayuda humanitaria:

En casos donde el impacto de la DANA es tan grande que excede la capacidad de los gobiernos locales, se puede recurrir a **fondos internacionales** y **organismos humanitarios** como **la Unión Europea, la ONU** o **el Banco Mundial**, que proporcionan asistencia económica y técnica para la rehabilitación de áreas devastadas. Además, estas organizaciones también pueden aportar en la implementación de **proyectos de infraestructura verde** y

adaptación al cambio climático para hacer frente a los fenómenos meteorológicos extremos del futuro.

El proceso de recuperación tras una DANA es largo y complejo, pero es clave para restaurar tanto las infraestructuras como el bienestar de la población afectada. La **respuesta rápida** es esencial para minimizar los daños inmediatos, mientras que la **planificación a largo plazo** garantiza que las áreas afectadas sean más resilientes frente a futuros fenómenos meteorológicos. Estos programas de apoyo y reconstrucción no solo buscan reparar los daños materiales, sino también restablecer la **economía local**, **fortalecer las comunidades** y promover una **planificación urbana** que reduzca el riesgo en el futuro.

Análisis Climático y Futuro de las DANAs

- ## Relación entre cambio climático y frecuencia de DANAs

La relación entre el cambio climático y la frecuencia de las **Danas** (Depresiones Aisladas en Niveles Altos) ha sido objeto de estudio y discusión en los últimos años. Las **Danas** son fenómenos meteorológicos que consisten en sistemas de baja presión en las capas altas de la atmósfera, que pueden generar lluvias intensas y tormentas, especialmente en la región del **Mediterráneo**. Aunque no se puede afirmar de manera concluyente que el cambio climático sea la causa directa de un aumento en la frecuencia de las **Danas**, sí existen ciertos vínculos y evidencias que sugieren que el cambio climático podría estar influyendo en la intensidad y distribución de estos fenómenos.

1. Aumento de la temperatura del mar:

El **cambio climático** está causando un aumento en la temperatura de los **mares**, especialmente en el Mediterráneo. Este fenómeno puede intensificar la evaporación del agua, lo que proporciona más humedad a la atmósfera. Cuando esta humedad se encuentra con un sistema de baja presión, como una **DANA**, puede producir lluvias más intensas y fenómenos meteorológicos más extremos. Además, los **ciclones** y **tormentas** que afectan al Mediterráneo, tanto dentro de las **Danas** como en sistemas de otro tipo, pueden volverse más severos debido a la mayor cantidad de calor y humedad disponibles en la atmósfera.

2. Alteraciones en los patrones de circulación atmosférica:

El cambio climático también está alterando los patrones de **circulación atmosférica**, lo que podría estar afectando la formación de las **Danas**. La interacción entre las capas superiores y las inferiores de la atmósfera, junto con los cambios en las **corrientes de aire** y los **vientos**, podría generar condiciones más favorables para el desarrollo de estos fenómenos. Algunos estudios sugieren que la variabilidad en estos patrones podría estar contribuyendo a un comportamiento más errático y más frecuente de las **Danas**.

3. Mayor incidencia de fenómenos meteorológicos extremos:

El cambio climático no solo está influyendo en las **Danas**, sino también en otros fenómenos meteorológicos extremos, como las **olvidadas tormentas de verano**, **huracanes** más intensos, y **olas de calor**. El cambio en los patrones climáticos y el aumento de la temperatura global podrían estar generando condiciones más propicias para la formación de **Danas** más fuertes y más persistentes, lo que a su vez puede elevar la probabilidad de que estos fenómenos afecten áreas más extensas.

4. Proyecciones futuras:

Los modelos climáticos sugieren que la frecuencia y la intensidad de fenómenos como las **Danas** podrían aumentar en el futuro debido al **calentamiento global**. A medida que la atmósfera se calienta, es más probable que ocurran eventos meteorológicos extremos, incluidos los asociados con las **Danas**, en particular en el área mediterránea, que ya es una región vulnerable a estos fenómenos. La combinación de un mayor volumen de vapor de agua y cambios en las condiciones atmosféricas podría resultar en un aumento de las tormentas asociadas a las **Danas**, con impactos más graves sobre la población y las infraestructuras.

5. Estudio y monitoreo en curso:

La relación entre el cambio climático y las **Danas** sigue siendo un área activa de investigación. Los científicos están utilizando modelos climáticos cada vez más sofisticados para predecir cómo estos fenómenos podrían comportarse en un clima cambiante. A pesar de que aún no se ha establecido una relación causal directa entre el cambio climático y un aumento específico de las **Danas**, los estudios apuntan a la necesidad de mejorar los **sistemas de predicción** y **adaptación** para enfrentar las posibles consecuencias de este cambio climático en las futuras generaciones.

Aunque el cambio climático no se ha identificado como la causa directa de un aumento de las **Danas**, sí parece haber una relación indirecta a través de la **alteración de los patrones climáticos** y la mayor disponibilidad de energía y humedad en la atmósfera, lo que podría estar contribuyendo a fenómenos meteorológicos más intensos y frecuentes en la región mediterránea. Las investigaciones en este campo continúan para entender mejor cómo se están interrelacionando estos factores y cómo se puede mitigar el impacto de las **Danas** en el futuro.

Proyecciones futuras y cómo se espera que evolucione este fenómeno

Las **proyecciones futuras** sobre la evolución de las **Danas** (Depresiones Aisladas en Niveles Altos) están estrechamente vinculadas al **cambio climático** y a los cambios en los patrones meteorológicos globales. Aunque no se puede predecir con certeza cómo evolucionará este fenómeno, los estudios actuales y las simulaciones de modelos climáticos apuntan a algunas tendencias clave que podrían definir su futuro comportamiento en la región del **Mediterráneo** y en otras zonas afectadas.

1. Mayor frecuencia de eventos extremos:

Se espera que el calentamiento global tenga un impacto significativo en la frecuencia de fenómenos meteorológicos extremos, incluidas las **Danas**. A medida que las temperaturas aumenten, se espera que haya un aumento en la **energía térmica** disponible para estos sistemas meteorológicos. Esto podría traducirse en una mayor cantidad de **Danas** en el futuro, especialmente en los meses de transición, como la **primavera** y el **otoño**, cuando las condiciones atmosféricas son más propicias para su formación.

2. Intensificación de las precipitaciones:

Una de las características más comunes de las **Danas** es la **intensa precipitación** que generan. En las proyecciones futuras, con un aumento de la **temperatura global** y la mayor cantidad de vapor de agua en la atmósfera, se espera que las **lluvias asociadas a las DANAs** sean aún más intensas. Esto podría resultar en **inundaciones** más graves y una mayor devastación en zonas ya vulnerables del Mediterráneo.

3. Mayor variabilidad en su ubicación y patrones de movimiento:

Los estudios sugieren que las **Danas** podrían volverse más erráticas y menos predecibles, lo que dificultaría su monitoreo y pronóstico. Con el cambio en los patrones de **circulación atmosférica**, las **Danas** podrían desplazarse de manera más impredecible o formarse en áreas no habituales. Esto aumentaría el **riesgo** para nuevas áreas y podría extender el impacto de estos fenómenos a regiones no tradicionalmente afectadas.

4. Cambios en la estacionalidad:

Otro factor que podría influir en las **Danas** en el futuro es el cambio en la estacionalidad de los fenómenos meteorológicos. Tradicionalmente, las **Danas** ocurren con mayor frecuencia durante los meses de otoño y primavera, cuando las diferencias de temperatura entre las capas de la atmósfera son más pronunciadas. Sin embargo, el **calentamiento global** podría alterar estos patrones, extendiendo la actividad de las **Danas** a otras estaciones del año, lo que podría hacer que estos fenómenos sean más comunes y difíciles de prever.

5. Impactos en la sociedad y las infraestructuras:

A medida que las **Danas** se hagan más frecuentes e intensas, se prevé que los impactos sociales y económicos aumenten. Las **inundaciones**, **destrucción de infraestructuras** y la **disrupción de los servicios** serán más comunes, lo que pondrá a prueba la capacidad de respuesta de las autoridades locales y nacionales. Esto subraya la necesidad de una mayor preparación y adaptación de las ciudades y comunidades a los fenómenos climáticos extremos.

6. Aumento de las inversiones en investigación y tecnología de predicción:

Dado el potencial aumento de las **Danas** y sus efectos devastadores, se espera que en las próximas décadas aumenten las **inversiones en tecnología de predicción** y en **sistemas de monitoreo**. Los avances en la **inteligencia artificial**, los **modelos climáticos** más avanzados y los **sistemas de alerta temprana** serán esenciales para mejorar la capacidad de previsión y mitigación de estos eventos.

Las **Danas** en el futuro probablemente se volverán más frecuentes, intensas y erráticas debido al cambio climático. A medida que los fenómenos meteorológicos extremos se multipliquen, las infraestructuras y las comunidades más vulnerables podrían enfrentarse a mayores riesgos. Sin embargo, también se espera que los avances en la tecnología de predicción y en los sistemas de alerta temprana permitan una mejor preparación ante estos eventos.

Estrategias de mitigación y preparación ante futuras DANAs

Las **estrategias de mitigación y preparación** ante las futuras **Danas** (Depresiones Aisladas en Niveles Altos) son esenciales para reducir su impacto y proteger tanto a la población como a las infraestructuras. Dado el potencial aumento de la frecuencia e intensidad de estos fenómenos meteorológicos debido al **cambio climático**, las autoridades y las comunidades deben estar preparadas para afrontar sus efectos de manera eficaz. A continuación, se detallan algunas estrategias clave que pueden implementarse.

1. Mejora de los sistemas de predicción y alerta temprana:

Una de las primeras estrategias para mitigar los efectos de las **Danas** es la mejora de los **sistemas de predicción meteorológica**. La implementación de **tecnologías avanzadas**, como la **inteligencia artificial** y los **modelos climáticos de alta resolución**, puede mejorar la precisión de los pronósticos. Estos avances permitirían detectar con antelación las formaciones de **Danas** y prever su trayectoria y su intensidad. Además, los **sistemas de alerta temprana** pueden advertir a la población de posibles lluvias intensas y tormentas, permitiendo que las personas se preparen y evacuen si es necesario. La coordinación entre **agencias meteorológicas**, **gobiernos locales** y **servicios de emergencia** es fundamental para una respuesta eficiente.

2. Planificación y adaptación de infraestructuras:

La **adaptación de las infraestructuras** es clave para hacer frente a los daños que puedan causar las **Danas**, especialmente en áreas urbanas vulnerables. Las **ciudades** deben invertir en la **mejora de los sistemas de drenaje** para prevenir **inundaciones** urbanas, así como en **estructuras resistentes** que soporten tormentas intensas. En las zonas costeras, la construcción de **muros de contención** o **barreras contra inundaciones** puede ayudar a proteger a las comunidades cercanas al mar. Además, las **infraestructuras de transporte** deben ser diseñadas para resistir las inundaciones y otras condiciones extremas asociadas con las **Danas**.

3. Educación y concienciación pública:

La **educación y la concienciación pública** son herramientas esenciales para la preparación ante fenómenos extremos como las **Danas**. Los gobiernos y organizaciones locales deben llevar a cabo **campañas de sensibilización** para informar a la población sobre los riesgos que suponen las **Danas**, cómo identificar las señales de alerta y qué hacer en caso de emergencia. Los **protocolos de evacuación** y los planes de **refugio** deben ser conocidos por todos, especialmente en las zonas más vulnerables. Además, la formación de **voluntarios** y **equipos de respuesta rápida** es fundamental para fortalecer la capacidad de actuación frente a estos fenómenos.

4. Reforzamiento de la resiliencia comunitaria:

Es fundamental que las comunidades, especialmente las más vulnerables, estén preparadas para enfrentar una **DANA**. El **refuerzo de la resiliencia comunitaria** incluye la creación de **planos de emergencia locales** que impliquen a los ciudadanos en el proceso de respuesta. La capacitación de los **líderes comunitarios** y la **colaboración vecinal** son cruciales para garantizar que las respuestas sean rápidas y efectivas. Asimismo, las **comunidades rurales** y aquellas situadas cerca de zonas de riesgo deben tener **redes de apoyo** y recursos de emergencia disponibles para garantizar su seguridad en caso de una tormenta.

5. Inversiones en la investigación científica:

La **investigación científica** sobre el comportamiento de las **Danas** y su relación con el cambio climático debe ser una prioridad. Los gobiernos deben financiar estudios para comprender mejor los mecanismos que generan estos fenómenos y cómo el **cambio climático** podría alterarlos en el futuro. Este conocimiento puede mejorar la **predicción** y la **mitigación**de los impactos, proporcionando información clave para diseñar políticas más efectivas y adaptativas.

6. Creación de redes de colaboración internacional:

Dado que las **Danas** afectan principalmente a la región del **Mediterráneo**, es vital la creación de **redes de colaboración internacional** entre los países que comparten esta región. Estas redes pueden centrarse en el **intercambio de información meteorológica** y la coordinación de **acciones de emergencia**. La cooperación transnacional también puede facilitar el acceso a **recursos adicionales** en caso de que una **DANA** cause daños más allá de las capacidades locales.

7. Gestión de recursos hídricos y agrícolas:

Las **Danas** pueden provocar **inundaciones repentinas** y **desbordamientos** de ríos, lo que pone en riesgo tanto a las personas como a las **actividades agrícolas**. Las políticas de **gestión del agua** deben ser reforzadas para reducir el impacto de las lluvias intensas, promoviendo el **almacenaje de aguas pluviales** y la **protección de las cuencas fluviales**. Además, se deben implementar **prácticas agrícolas sostenibles** que ayuden a las **zonas rurales** a resistir el impacto de las tormentas, como la creación de **terrazas** para evitar la erosión y el **manejo adecuado de los suelos**.

8. Fortalecimiento de los sistemas de emergencia:

Los **servicios de emergencia**, como los cuerpos de bomberos, la **protección civil** y la **policía**, deben estar debidamente entrenados y preparados para actuar en el caso de **Danas**. El desarrollo de **protocolos de actuación** más ágiles, la mejora de las **redes de comunicación** y la disposición de **equipos especializados** son esenciales para garantizar una respuesta rápida. Además, las **infraestructuras de emergencia**, como **refugios temporales** y **alojamientos**, deben estar preestablecidas y listas para su uso inmediato.

La preparación para las **Danas** implica una combinación de **tecnología avanzada**, **adaptación de infraestructuras**, **educación pública**, **resiliencia comunitaria**, y una **gestión eficiente** de los recursos y la cooperación internacional. A medida que el cambio climático siga afectando los patrones meteorológicos, es fundamental que estas estrategias se vayan ajustando para minimizar los daños y proteger a las comunidades y sus entornos.

Conclusiones y Reflexiones

Lecciones aprendidas de este evento

Las **lecciones aprendidas** de los eventos causados por las **DANAs** (Depresiones Aisladas en Niveles Altos) han sido fundamentales para mejorar la preparación y respuesta ante fenómenos meteorológicos extremos en la **Península Ibérica**. A continuación, se destacan algunas de las principales enseñanzas derivadas de estos eventos:

1. Necesidad de sistemas de predicción y alerta más precisos:

Uno de los puntos más importantes que ha quedado claro es la **necesidad de mejorar los sistemas de predicción meteorológica** y las **alertas tempranas**. Las **DANAs** pueden ser difíciles de prever con precisión debido a su naturaleza aislada y su evolución errática. A pesar de los avances en la predicción meteorológica, la rapidez con la que pueden formarse y desplazarse estos fenómenos exige **tecnologías más avanzadas** y **modelos de predicción** más detallados. **Lecciones clave** incluyen la importancia de una monitorización constante y el uso de herramientas como **radiosondeos**, **satélites** y **modelos de predicción a corto plazo**.

2. Mejora de la infraestructura y planificación urbana:

Las tormentas asociadas con las **DANAs** son capaces de causar graves **inundaciones urbanas** debido a lluvias intensas en un corto periodo de tiempo. Los **sistemas de drenaje** en muchas ciudades no están diseñados para manejar tales cantidades de agua, lo que provoca desbordamientos y daños en infraestructuras. Como **lección aprendida**, se ha enfatizado la necesidad de **mejorar los sistemas de drenaje**, renovar infraestructuras viejas y asegurarse de que las **ciudades sean más resilientes** frente a fenómenos extremos. Además, se han subrayado la importancia de crear **espacios públicos** que puedan **absorber** el agua, como jardines y parques urbanos, lo que puede prevenir inundaciones en áreas vulnerables.

3. Coordinación y respuesta rápida de los servicios de emergencia:

Un aspecto crítico es la **coordinación entre los diferentes niveles de gobierno** y los **servicios de emergencia**. Las **DANAs** requieren una respuesta rápida y eficiente para minimizar los daños. Las **lecciones** aprendidas indican que, aunque muchas veces los servicios de emergencia actúan rápidamente, la **falta de coordinación inicial** entre los distintos servicios puede demorar la ayuda. Las **comunicaciones** también son clave; durante algunos episodios de **DANA**, la comunicación entre los centros de control y los equipos en el terreno fue difícil, lo que retrasó algunas acciones cruciales. Es necesario establecer **protocolos de actuación claros, canales de comunicación eficientes** y **entrenar a los equipos** en la gestión de situaciones de emergencia de gran escala.

4. Planificación de evacuaciones y refugios:

Otro aprendizaje importante es la importancia de tener **planes de evacuación bien definidos** y **refugios accesibles** en las áreas más vulnerables. Aunque las autoridades han tomado medidas preventivas, algunos eventos mostraron que **muchas personas no sabían a dónde acudir** en caso de evacuación o no estaban suficientemente informadas sobre las zonas de riesgo. Las **lecciones** indican la necesidad de garantizar que la **información llegue** a todos los ciudadanos, especialmente a aquellos de **zonas**

rurales o de difícil acceso, y que exista una **infraestructura adecuada** para acoger a los afectados por las tormentas.

5. Resiliencia comunitaria y participación ciudadana:

Las **comunidades locales** desempeñan un papel esencial en la respuesta ante desastres naturales. Las **lecciones aprendidas** muestran que **las comunidades resilientes**, que disponen de **planos de emergencia** locales y **entrenamiento**previo, tienen una mayor capacidad de respuesta ante eventos inesperados. La **solidaridad entre vecinos** y la **autorganización** son cruciales en situaciones de crisis. Por ello, las **autoridades locales** deben involucrar a las **comunidades** en la **planificación** y la **ejecución de acciones preventivas**. La participación activa de la población es fundamental para fortalecer la **resiliencia comunitaria** ante futuros fenómenos meteorológicos.

6. Cambio climático y la intensificación de fenómenos extremos:

Las **DANAs** están asociadas con fenómenos meteorológicos que podrían intensificarse debido al **cambio climático**. Aunque las investigaciones continúan, las **lecciones aprendidas** subrayan que **el calentamiento global** está afectando los patrones climáticos, lo que hace que fenómenos como las **DANAs** sean más frecuentes y severos. La necesidad de **mitigar el cambio climático** y **reducir las emisiones de gases de efecto invernadero** se ha convertido en una lección crítica para la comunidad internacional, no solo en el contexto de las **DANAs**, sino también para todos los fenómenos meteorológicos extremos.

7. Colaboración internacional y regional:

El impacto de las **DANAs** no se limita a un solo país o región. Este tipo de fenómenos afecta a varios países, por lo que la **cooperación internacional** y **regional** es esencial para una respuesta efectiva. Las **lecciones aprendidas** sugieren que, si bien existen mecanismos de cooperación en términos de ayuda humanitaria, **la colaboración a nivel meteorológico y de predicción de fenómenos** debe ser más estrecha, particularmente entre los países de la cuenca mediterránea. Esto facilitaría una **respuesta más coordinada** y la **distribución eficiente de recursos**.

8. Evaluación y mejora de los procesos de recuperación:

El **proceso de recuperación** tras las **DANAs** ha demostrado ser largo y complejo, afectando no solo a la infraestructura, sino también a la **economía local** y al **bienestar social**. Las **lecciones aprendidas** subrayan la importancia de tener en cuenta el **impacto psicológico** que los desastres naturales pueden tener en las personas y las comunidades. Es necesario incluir en los **planes de recuperación** programas de **apoyo psicológico** y **rehabilitación social**, además de medidas de **restauración de la infraestructura**. La rapidez en el restablecimiento de los servicios básicos también es crucial para mitigar el impacto negativo en la vida diaria de las personas.

Las **lecciones aprendidas** de los eventos de **DANA** resaltan la importancia de una **planificación adecuada**, de **mejorar las infraestructuras**, de fomentar la **cooperación** y de **preparar a la población** para eventos futuros. Es imperativo que las autoridades y las comunidades sigan adaptándose a las nuevas realidades climáticas, utilizando la experiencia adquirida para reducir la vulnerabilidad ante estos fenómenos extremos.

Recomendaciones para mejorar la respuesta ante futuros desastres

Para mejorar la respuesta ante futuros desastres como las **DANAs** (Depresiones Aisladas en Niveles Altos) en el área mediterránea, es fundamental implementar una serie de **recomendaciones** estratégicas que aborden tanto la prevención como la respuesta y recuperación. A continuación se detallan varias áreas clave en las que se pueden realizar mejoras sustanciales:

1. Fortalecer la predicción y el monitoreo meteorológico:

Uno de los aspectos más críticos para mejorar la respuesta ante futuras DANAs es **reforzar los sistemas de predicción meteorológica**. Esto implica:

- **Mejorar los modelos de pronóstico** para aumentar la precisión y la capacidad de anticipación de estos fenómenos, especialmente en cuanto a la **intensidad y duración** de las precipitaciones.

- **Aumentar la inversión en tecnología meteorológica**, como **radiosondeos** y **satélites**, para permitir una mayor monitorización en tiempo real.

- Desarrollar un **sistema de alertas tempranas más efectivo** que pueda proporcionar información más detallada y en tiempo real, dando a los habitantes y autoridades el tiempo necesario para tomar medidas preventivas.

2. Invertir en infraestructuras resilientes:

Las **infraestructuras urbanas** deben adaptarse a los nuevos desafíos planteados por fenómenos meteorológicos extremos. Las recomendaciones incluyen:

- **Mejorar el drenaje urbano** y la **gestión de aguas pluviales** para reducir el riesgo de inundaciones.

- **Reforzar los edificios** y otras infraestructuras críticas para hacer frente a vientos fuertes y lluvias torrenciales.

- Planificar de manera más estratégica el **uso del suelo** en las áreas más vulnerables, promoviendo **espacios verdes**que actúan como zonas de absorción de agua.

3. Mejorar la coordinación de los servicios de emergencia:

La **coordinación entre los diferentes niveles de gobierno y los servicios de emergencia** es esencial para una respuesta efectiva. Las recomendaciones incluyen:

- Desarrollar **protocolos de actuación claros** entre las **autoridades locales, regionales y nacionales**, y garantizar una **formación continua** para todos los involucrados en la respuesta a desastres.

- Mejorar las **comunicaciones** entre los equipos de respuesta, utilizando **tecnología de punta** para facilitar el intercambio de información en tiempo real.

- **Crear planes de evacuación detallados** que puedan ser activados rápidamente, con **zonas de refugio** bien identificadas y accesibles.

4. Impulsar la educación y sensibilización pública:

La preparación de la población es clave para reducir el impacto de las DANAs. Para ello, es esencial:

- **Fomentar campañas de sensibilización** sobre los riesgos asociados a las DANAs y enseñar a la población cómo actuar en caso de emergencia.

- Desarrollar programas educativos que enseñen a los ciudadanos a **interpretar las alertas meteorológicas** y a comprender los planes de evacuación y seguridad.

- Impulsar la creación de **kits de emergencia familiares**, asegurando que los ciudadanos tengan lo necesario para afrontar el impacto de las tormentas de forma autónoma durante las primeras horas de la emergencia.

5. Mejorar la resiliencia social y comunitaria:

El fortalecimiento de la **resiliencia comunitaria** es esencial para reducir el daño humano y material. Las acciones recomendadas son:

- **Fomentar la participación ciudadana** en la planificación de medidas de preparación ante desastres, y garantizar que las comunidades más vulnerables estén incluidas en los procesos de decisión.

- **Crear redes de apoyo comunitario** que ayuden a las personas más afectadas, especialmente a las **personas mayores, mujeres embarazadas**, y **niños**.

- Promover la **solidaridad y el voluntariado** para que las comunidades puedan autoorganizarse en la fase de recuperación.

6. Asegurar un enfoque de recuperación integral:

El proceso de **recuperación** tras una DANA debe ser **rápido y eficiente** para devolver a las comunidades a la normalidad lo antes posible. Las recomendaciones incluyen:

- **Restaurar los servicios básicos** como el agua, la electricidad y las telecomunicaciones lo más rápido posible.

- Proporcionar **asistencia psicológica** a las víctimas del desastre, ayudando a superar los traumas derivados de las inundaciones y otros daños emocionales.

- Implementar programas de **reconstrucción de viviendas y negocios** afectados, con un enfoque en la **resiliencia** y la **sostenibilidad**.

Implementar estas recomendaciones puede mejorar significativamente la **capacidad de respuesta** ante futuras **DANAs**, minimizando su impacto tanto en la infraestructura como en las personas afectadas. La preparación, la coordinación entre entidades, la **resiliencia comunitaria** y un enfoque adaptado al **cambio climático** son elementos clave para reducir los efectos de estos fenómenos meteorológicos extremos y garantizar una recuperación más rápida y efectiva.

Reflexión sobre la necesidad de adaptación al cambio climático

La **adaptación al cambio climático** es una necesidad urgente que afecta a todos los sectores de la sociedad, especialmente cuando se considera que fenómenos extremos como las **DANAs** (Depresiones Aisladas en Niveles Altos) se están volviendo cada vez más frecuentes e intensos debido al calentamiento global. Este tipo de eventos, que ya causan grandes estragos en las áreas afectadas, son solo una manifestación de cómo el cambio climático altera los patrones meteorológicos, y como tal, requieren una **respuesta adaptativa** por parte de gobiernos, instituciones y ciudadanos.

A medida que el clima cambia, las ciudades y regiones más vulnerables, como aquellas del Mediterráneo, deben **ajustar sus infraestructuras** y sistemas de gestión del riesgo de desastres. Los eventos extremos como las inundaciones, los vientos intensos y las olas de calor afectarán tanto a las personas como a la economía, lo que hace que la adaptación sea fundamental para minimizar los daños y salvar vidas. **No adaptarse** a esta nueva realidad climática no solo aumentará la frecuencia de estos fenómenos, sino que **incrementará los costos sociales, económicos y ambientales**.

La **adaptación al cambio climático** no se trata solo de responder a los desastres cuando ocurren, sino de **anticiparse** a ellos. Esto implica desde **modificar las políticas urbanísticas** para mitigar el impacto de las tormentas en áreas vulnerables hasta **mejorar los sistemas de alerta temprana** para que las poblaciones estén mejor preparadas. También es fundamental impulsar la **resiliencia ecológica**, restaurando ecosistemas que puedan absorber el exceso de agua, como los humedales o los bosques.

El cambio climático es una crisis que ya está ocurriendo, y la **adaptación** es la herramienta más eficaz para reducir sus impactos a largo plazo. Si no se toman medidas decisivas para adaptarnos y mitigar sus efectos, se corre el riesgo de enfrentar una **futuro mucho más devastador**, no solo por las DANAs, sino por otros fenómenos relacionados, como las sequías, olas de calor y fenómenos meteorológicos extremos que amenazan con alterar los equilibrios sociales y naturales.

La adaptación al cambio climático es una prioridad global y debe ser implementada de manera urgente. Es esencial adoptar un enfoque proactivo y coordinado para **prepararnos** para los **retos** que nos presenta este fenómeno, que ya está transformando nuestra realidad, y para **garantizar** un futuro más seguro y sostenible. La **conciencia colectiva**, el **compromiso político** y las **acciones concretas** en todos los niveles son clave para afrontar el cambio climático con eficacia.

Apéndices

• Glosario de términos meteorológicos

Aquí tienes un glosario de términos meteorológicos clave que pueden ser útiles para comprender fenómenos como las **DANAs** y otros eventos climáticos extremos:

1. DANA (Depresión Aislada en Niveles Altos):

Fenómeno meteorológico caracterizado por una área de baja presión situada a gran altitud (por lo general, en la troposfera superior). Este fenómeno puede generar tormentas intensas, lluvias torrenciales y fuertes vientos en las zonas afectadas.

2. Depresión:

Área de baja presión en la atmósfera donde las presiones son más bajas que en las regiones circundantes. Las depresiones pueden generar condiciones meteorológicas adversas, como tormentas y vientos fuertes.

3. Precipitación:

Lluvia, nieve, granizo o cualquier forma de agua que cae desde las nubes hacia la superficie terrestre. En el caso de las DANAs, las precipitaciones suelen ser muy intensas, lo que provoca inundaciones.

4. Isobara:

Línea imaginaria en un mapa meteorológico que conecta puntos con la misma presión atmosférica. Ayuda a identificar áreas de alta o baja presión y facilita la predicción del tiempo.

5. Tormenta:

Fenómeno atmosférico que incluye fenómenos de lluvia, viento fuerte, rayos y truenos. Las tormentas asociadas con las DANAs pueden ser de gran intensidad, con lluvias torrenciales y vientos destructivos.

6. Ciclogénesis:

Proceso en el que se forma una depresión atmosférica, un sistema de baja presión, que puede evolucionar en una tormenta más intensa, como las que se producen con las DANAs.

7. Convección:

Movimiento ascendente del aire caliente que, al enfriarse, puede formar nubes de tormenta. La convección es un proceso fundamental para la formación de tormentas intensas.

8. Inestabilidad atmosférica:

Situación en la que el aire caliente y húmedo cerca de la superficie asciende rápidamente, lo que favorece la formación de nubes y tormentas. Es uno de los factores principales en la génesis de fenómenos como las DANAs.

9. Viento geostrófico:

Viento que resulta del equilibrio entre la fuerza de Coriolis (producida por la rotación de la Tierra) y el gradiente de presión. Aunque no se observa de manera directa, afecta los movimientos de las masas de aire y, por tanto, los fenómenos meteorológicos.

10. Frente cálido:

Zona de transición entre una masa de aire cálido y otra más fría. Los frentes cálidos pueden generar nubes y precipitaciones, especialmente cuando interactúan con áreas de baja presión, como las producidas por una DANA.

11. Anticiclón:

Zona de alta presión atmosférica. A diferencia de las depresiones, los anticiclones están asociados con cielos despejados y buen tiempo, ya que el aire desciende, evitando la formación de nubes.

12. Ráfagas de viento:

Aumento repentino e intensificado de la velocidad del viento, a menudo de corta duración. Durante las DANAs, las ráfagas de viento pueden ser extremadamente fuertes, lo que aumenta los daños en infraestructuras.

13. Templado y subtropical:

Climas que pueden ser alterados por fenómenos como las DANAs. El clima templado se caracteriza por estaciones bien diferenciadas, mientras que el subtropical es cálido y húmedo, más susceptible a fenómenos extremos.

14. Higrómetro:

Instrumento utilizado para medir la humedad relativa del aire. La humedad es un factor crucial en la formación de nubes y tormentas asociadas con fenómenos como las DANAs.

15. Núcleos de convección:

Partes de las nubes donde el aire cálido asciende rápidamente, provocando tormentas intensas. Son comunes en fenómenos como las DANAs, donde la inestabilidad de la atmósfera permite la formación de estos núcleos.

Este glosario cubre algunos de los términos meteorológicos fundamentales para comprender fenómenos como las **DANAs**y otros eventos climáticos extremos. Estos términos son esenciales para los meteorólogos que realizan el pronóstico del tiempo y para los ciudadanos que deben entender cómo afectan estos fenómenos a su entorno y tomar medidas preventivas.

www.ingramcontent.com/pod-product-compliance
Lightning Source LLC
Chambersburg PA
CBHW070426240526
45472CB00020B/1391